AF291619

Die Erfindung
der Freizeitparks

Vergnügen, Kurzweil und Abenteuer

Eine Betrachtung

von

Lutz Spilker

DIE ERFINDUNG DER FREIZEITPARKS – VERGNÜGEN, KURZWEIL UND ABENTEUER

Bibliografische Information der Deutschen Nationalbibliothek:
Die Deutsche Nationalbibliothek verzeichnet diese Publikation in der Deutschen Nationalbibliografie; detaillierte bibliografische Daten sind im Internet über http://dnb.dnb.de abrufbar.

Softcover ISBN: 978-3-384-21898-8
Ebook ISBN: 978-3-384-21899-5

© 2023 by Lutz Spilker
Druck und Distribution im Auftrag des Autors:
tredition GmbH, An der Strusbek 10, 22926 Ahrensburg, Germany

Die im Buch verwendeten Grafiken entsprechen den
Nutzungsbestimmungen der Creative-Commons-Lizenzen (CC).

Inhalt

Deutschland – ein kollektiver Freizeitpark.

Helmut Kohl

Helmut Josef Michael Kohl (* 3. April 1930 in Ludwigshafen am Rhein; † 16. Juni 2017 ebenda) war ein deutscher Politiker der CDU. Er führte von 1982 bis 1998 als sechster Bundeskanzler der Bundesrepublik Deutschland eine CDU/CSU/FDP-Koalition.

Vorwort

Die farbenfrohe Welt der Freizeitparks ist mehr als nur ein Ort
der Unterhaltung; sie repräsentiert eine einzigartige Schnittstelle
zwischen Geschichte, Kultur und der Sehnsucht nach Abenteuer und Spaß. In den vergangenen Jahrzehnten haben Freizeitparks nicht nur als beliebte Ausflugsziele, sondern auch als
bedeutende gesellschaftliche Phänomene an Bedeutung gewonnen.

Das vorliegende Buch lädt die Leserinnen und Leser zu einer
tiefgehenden Erkundung ein, die über die bunten Fahrgeschäfte und schwindelerregenden Achterbahnen hinausgeht. Es wirft
einen Blick auf die Wurzeln, die Entwicklung und die tiefgrei-
fende Bedeutung dieser bunt schillernden Einrichtungen.

Die Geschichte der Freizeitparks reicht weit zurück, und ihr
Ursprung ist in vielerlei Hinsicht eng mit den sozialen Veränderungen und Bedürfnissen der Gesellschaft verbunden. Von den
bescheidenen Anfängen der Jahrmarktsattraktionen bis hin zu
den hochmodernen, technologisch anspruchsvollen Parks von
heute haben sich Freizeitparks zu einem Spiegelbild unserer
kollektiven Vorstellungen von Vergnügen, Gemeinschaft und
Flucht aus dem Alltag entwickelt.

Dieses Buch nimmt die Leser mit auf eine Reise durch die
Jahrhunderte, in denen sich Freizeitparks von einfachen Unter-

haltungsstätten zu umfangreichen Erlebniswelten entwickelten. Dabei wird nicht nur der Unterhaltungswert beleuchtet, sondern auch die soziokulturelle Bedeutung dieser Orte analysiert. Wie beeinflussen Freizeitparks unser Verständnis von Freizeit, Familienzusammenhalt und gesellschaftlichem Miteinander? Welche Rolle spielen sie in einer Welt, die von ständigem Wandel geprägt ist?

Ein weiterer wichtiger Aspekt, den dieses Buch erforscht, ist die kreative Architektur und Gestaltung der Freizeitparks. Von der malerischen Kulisse bis hin zur ausgefeilten Thematisierung bieten diese Parks nicht nur Nervenkitzel, sondern auch eine ästhetische Erfahrung. Die Erfindung der Freizeitparks ist daher nicht nur eine Geschichte von Adrenalin und Entertainment, sondern auch eine Geschichte von Design, Innovation und der Suche nach dem außergewöhnlichen Erlebnis.

Es ist mir eine Freude, Sie auf dieser aufregenden Reise durch die Geschichte und Existenz der Freizeitparks zu begleiten. Tauchen Sie ein in die Welt der Achterbahnen, Attraktionen und Fantasie – und entdecken Sie, wie diese einzigartigen Orte zu einem integralen Bestandteil unserer kulturellen Landschaft geworden sind.

Möge dieses Buch dazu beitragen, die Erfindung der Freizeitparks in all ihren Facetten zu verstehen und zu schätzen, als eine gelungene Ablenkung vom Alltag und ein abwechslungsreiches Erlebnis für die ganze Familie.

Die Ursprünge: Vorläufer der Freizeitparks

Frühe Formen der Unterhaltung und Vergnügung

Die Geschichte der Freizeitparks reicht weit zurück in die Vergangenheit und findet ihre Wurzeln in den frühen Formen der Unterhaltung und Vergnügung, die bereits in antiken Kulturen zu finden waren. Schon in den alten Zivilisationen wie dem antiken Rom und Griechenland gab es öffentliche Plätze und Veranstaltungen, die der Unterhaltung und dem Vergnügen dienten. Diese Vorläufer der heutigen Freizeitparks zeichneten sich durch eine Vielzahl von Aktivitäten aus, die Menschen jeden Alters und sozialen Standes anzogen.

Eine der frühesten Formen der Unterhaltung waren die römischen Amphitheater, in denen Gladiatorenkämpfe, Tierhetzen und andere spektakuläre Veranstaltungen stattfanden. Diese Veranstaltungen zogen große Menschenmengen an und boten den Zuschauern ein aufregendes und oft brutales Spektakel.

Auch in anderen antiken Kulturen gab es ähnliche Formen der Unterhaltung. Im antiken Griechenland wurden in Theatern und Stadien Theateraufführungen, Musik- und Tanzdarbietungen sowie sportliche Wettkämpfe veranstaltet. Diese öffentlichen Veranstaltungen dienten nicht nur der Unterhaltung, sondern auch der sozialen Interaktion und dem kulturellen Austausch.

Mit dem Untergang des Römischen Reiches und dem Aufkommen des Mittelalters verloren viele dieser antiken Formen der Unterhaltung ihre Bedeutung. Doch im Laufe der Jahrhunderte entstanden neue Formen der Vergnügung, die den Geist der Freizeitparks vorwegnahmen.

Im Mittelalter waren es vor allem die Jahrmärkte und Volksfeste, die als Vorläufer der modernen Freizeitparks gelten können. Diese Veranstaltungen boten eine Vielzahl von Attraktionen und Aktivitäten, darunter Akrobatikshows, Gaukler, Jahrmarktsstände, und Karussells. Die Menschen kamen zusammen, um zu feiern, zu tanzen und sich zu amüsieren, und die Jahrmärkte wurden zu wichtigen sozialen Ereignissen in vielen Städten und Dörfern.

Mit der Industrialisierung und Urbanisierung im 19. Jahrhundert entstanden neue Formen der Vergnügung, die den Weg für die Entstehung moderner Freizeitparks ebneten. Die zunehmende Freizeit der Arbeiterklasse und das Bedürfnis nach Ablenkung und Zerstreuung führten zur Entstehung von Vergnügungsparks und Gärten, die als Vorläufer der heutigen Freizeitparks gelten können.

In diesen Parks wurden eine Vielzahl von Attraktionen angeboten, darunter Achterbahnen, Karussells, Schießbuden, und Varietéshows. Sie zogen ein breites Publikum an und wurden zu beliebten Ausflugszielen für Familien und Gruppen. Diese frühen Formen der Unterhaltung legten den Grundstein für die Entwicklung moderner Freizeitparks, die im Laufe des 20. Jahrhunderts zu einem weltweiten Phänomen wurden.

Die Geschichte der Freizeitparks ist eng mit der menschlichen Suche nach Vergnügen, Unterhaltung und sozialer Interaktion verbunden. Die frühen Formen der Unterhaltung und Vergnügung legten den Grundstein für das, was heute als Freizeitparkindustrie bekannt ist, und prägten die Entwicklung von Vergnügungsbereichen auf der ganzen Welt.

Pioniere der Freizeitgestaltung
im 19. Jahrhundert

Entstehung erster Parks und Gärten als Orte der Erholung

Das 19. Jahrhundert war eine Zeit des Wandels und der Urbanisierung, in der sich das Leben vieler Menschen durch die Auswirkungen der Industrialisierung veränderte. Während die Städte wuchsen und sich die Arbeitsbedingungen verschlechterten, entstand ein wachsendes Bedürfnis nach Erholung und Zerstreuung. In dieser Zeit entstanden die ersten Parks und Gärten als Orte der Erholung, die als Vorläufer der modernen Freizeitparks gelten können.

Einer der Pioniere der Freizeitgestaltung im 19. Jahrhundert war Frederick Law Olmsted, ein amerikanischer Landschaftsarchitekt, der für die Gestaltung vieler berühmter Stadtparks verantwortlich war. Olmsted war ein Verfechter der Idee, dass Grünflächen und Naturräume für die Gesundheit und das Wohlbefinden der städtischen Bevölkerung von entscheidender Bedeutung waren. Er entwarf Parks wie den Central Park in New York City und den Prospect Park in Brooklyn, die als Oasen der Ruhe und Erholung inmitten des städtischen Trubels dienten.

In Europa wurden ebenfalls viele Parks und Gärten als Orte der Erholung geschaffen. Einer der bekanntesten ist der Englische Garten in München, der 1789 von Friedrich Ludwig Sckell angelegt wurde. Der Englische Garten war einer der ersten öffentlichen Parks in Europa und wurde schnell zu einem beliebten Ausflugsziel für die Bewohner der Stadt. Er bot weitläufige Rasenflächen, schattige Alleen, idyllische Seen und romantische Brücken, die zum Spazierengehen, Picknicken und Entspannen einluden.

Neben den öffentlichen Parks entstanden im 19. Jahrhundert auch private Gärten und Landschaftsparks, die oft von wohlhabenden Bürgern und Adligen angelegt wurden. Diese Gärten dienten nicht nur der Erholung, sondern auch als Ausdruck von Reichtum und Status. Sie waren mit kunstvollen Statuen, exotischen Pflanzen und verschlungenen Wegen gestaltet und boten ihren Besitzern und deren Gästen eine Rückzugsmöglichkeit vom hektischen Leben der Stadt.

Die Entstehung dieser ersten Parks und Gärten im 19. Jahrhundert markierte einen Wendepunkt in der Geschichte der Freizeitgestaltung. Sie boten den Menschen die Möglichkeit, dem stressigen Alltag zu entfliehen, die Natur zu genießen und sich zu entspannen. Diese frühen Vorläufer der Freizeitparks legten den Grundstein für die Entwicklung moderner Vergnügungsbereiche, die im Laufe des 20. Jahrhunderts zu einem wichtigen Bestandteil der urbanen Landschaft wurden.

Die Weltausstellungen als Vorreiter

Einfluss der Weltausstellungen auf die Idee von Freizeitparks

Die Weltausstellungen des 19. und 20. Jahrhunderts spielten eine entscheidende Rolle bei der Entstehung und Verbreitung der Idee von Freizeitparks. Als internationale Veranstaltungen, die die neuesten Errungenschaften der Menschheit präsentierten, zogen sie Millionen von Besuchern aus der ganzen Welt an und boten eine Plattform für Innovationen in Architektur, Technologie und Kultur.

Eine der ersten Weltausstellungen, die einen direkten Einfluss auf die Entwicklung von Freizeitparks hatte, war die Great Exhibition of the Works of Industry of All Nations, die 1851 in London stattfand. Diese Ausstellung, die auch als die erste Weltausstellung bezeichnet wird, präsentierte eine Vielzahl von technologischen und kulturellen Errungenschaften aus der ganzen Welt. Sie zog Millionen von Besuchern an und inspirierte die Veranstalter dazu, ähnliche Veranstaltungen in anderen Städten zu organisieren.

Eine der bekanntesten Weltausstellungen, die einen direkten Einfluss auf die Idee von Freizeitparks hatte, war die Weltausstellung 1893 in Chicago, auch bekannt als die Columbian Exposition. Diese Ausstellung, die anlässlich des 400. Jahrestags der Entdeckung Amerikas durch Christoph Kolumbus stattfand, präsentierte eine Reihe von bahnbrechenden Innovationen, darunter das erste elektrische Beleuchtungssystem und das erste Riesenrad. Die Columbian Exposition war ein riesiger Erfolg und zog Millionen von Besuchern an, darunter auch viele ausländische Gäste.

Die Weltausstellung 1900 in Paris war ein weiteres bedeutendes Ereignis, das die Entwicklung von Freizeitparks beeinflusste. Diese Ausstellung, die im Parc des Champs-Élysées stattfand, präsentierte eine Vielzahl von Attraktionen und Aktivitäten, darunter das berühmte Riesenrad und eine Vielzahl von Vergnügungsbereichen. Die Weltausstellung von 1900 war ein Meilenstein in der Geschichte der Freizeitgestaltung und inspirierte die Veranstalter dazu, ähnliche Veranstaltungen in anderen Städten zu organisieren.

Die Weltausstellungen des 19. und 20. Jahrhunderts hatten einen weitreichenden Einfluss auf die Idee von Freizeitparks. Sie zeigten, wie öffentliche Veranstaltungen Menschen aus verschiedenen Ländern und Kulturen zusammenbringen konnten und wie sie als Plattform für Innovationen und kulturellen Austausch dienen konnten. Die Erfahrungen und Eindrücke, die die Besucher auf diesen Ausstellungen sammelten, trugen dazu bei, das Konzept von Freizeitparks als Orte der Unterhaltung, Bildung und sozialen Interaktion zu festigen und zu verbreiten.

Coney Island: Der Beginn der modernen Freizeitparks

Die Entwicklung von Vergnügungsbereichen in den USA

Coney Island, gelegen im Süden von Brooklyn, New York City, gilt als einer der Geburtsorte der modernen Freizeitparks. In den späten 1800er Jahren entwickelte sich dieser Küstenstreifen zu einem Hotspot für Vergnügungssuchende und wurde zu einem Symbol für die Unterhaltungskultur in den Vereinigten Staaten.

Die Ursprünge von Coney Island als Vergnügungsbereich reichen bis in die Mitte des 19. Jahrhunderts zurück, als die ersten Hotels und Badeanstalten entlang der Küste entstanden. Mit der Eröffnung der ersten  Eisenbahnlinie nach Coney Island im Jahr 1860 wurde der Ort schnell zu einem beliebten Ausflugsziel für die Bewohner von New York City, die dort dem hektischen Stadtleben entfliehen konnten.

In den folgenden Jahren entwickelte sich Coney Island zu einem Vergnügungszentrum mit einer Vielzahl von Attraktionen und Aktivitäten. Die ersten Karussells und Achterbahnen wurden in den 1880er Jahren gebaut, gefolgt von Jahrmarktsständen, Schießbuden und Varietétheatern. Die Luna Park und Steeplechase Park, zwei der bekanntesten Vergnügungsparks in Coney Island, öffneten ihre Tore in den frühen 1900er Jahren und zogen Millionen von Besuchern an.

Eine der berühmtesten Attraktionen von Coney Island war das Riesenrad, das erstmals 1893 auf der Weltausstellung in Chicago präsentiert wurde und später in Coney Island nachgebaut wurde. Das Riesenrad bot den Besuchern eine spektakuläre Aussicht auf die Stadt und das Meer und wurde schnell zu einem Symbol für die Freizeitparkindustrie.

Die Entwicklung von Coney Island als Vergnügungsbereich spiegelte die sozialen und kulturellen Veränderungen wider, die zu dieser Zeit in den Vereinigten Staaten stattfanden. Mit der zunehmenden Urbanisierung und Industrialisierung suchten die Menschen nach Möglichkeiten zur Entspannung und Zerstreuung, und Coney Island bot genau das.

Die Erfolgsgeschichte von Coney Island inspirierte viele andere Städte in den USA, ähnliche Vergnügungsbereiche zu entwickeln, und trug zur Entstehung eines landesweiten Netzwerks von Freizeitparks bei. Coney Island bleibt auch heute noch ein beliebtes Ausflugsziel und ein Symbol für die amerikanische Freizeitparkkultur.

Europäische Einflüsse im 20. Jahrhundert

Verbreitung des Konzepts von Freizeitparks in Europa

Die Verbreitung des Konzepts von Freizeitparks in Europa im 20. Jahrhundert war eng mit den Entwicklungen in den Vereinigten Staaten verbunden, aber auch von lokalen Einflüssen geprägt. Während die USA in den frühen Jahren des Jahrhunderts führend bei der Entwicklung von Freizeitparks waren, begann Europa in den 1950er und 1960er Jahren, eigene Parks zu schaffen, die sowohl amerikanische als auch lokale Elemente vereinten.

Einer der ersten Freizeitparks in Europa war Tivoli Gardens in Kopenhagen, Dänemark, der 1843 eröffnet wurde. Obwohl Tivoli technisch gesehen kein Freizeitpark im modernen Sinne ist, da er auch als Gartenanlage und Konzertgelände dient, war er dennoch ein Vorläufer der späteren europäischen Freizeitparks. Tivoli war ein beliebtes Ausflugsziel für die Bewohner von Kopenhagen und bot eine Vielzahl von Attraktionen, darunter Achterbahnen, Karussells und Theatervorführungen.

In den 1950er und 1960er Jahren begannen sich in Europa vermehrt Freizeitparks zu etablieren, die sich stark an amerikanischen Vorbildern orientierten. Einer der ersten dieser Parks war das Phantasialand in Brühl, Deutschland, das 1967 eröffnet wurde. Das Phantasialand war von Anfang an darauf ausgerichtet, den Besuchern eine Vielzahl von Attraktionen und Unterhaltungsmöglichkeiten zu bieten, darunter Achterbahnen, Shows und Themenbereiche.

Ein weiterer bedeutender Einfluss auf die Verbreitung von Freizeitparks in Europa war die Eröffnung von Disneyland Paris im Jahr 1992. Als erster Disneyland Park außerhalb der USA war Disneyland Paris ein Meilenstein in der Geschichte der Freizeitparks in Europa. Es zeigte, dass das Konzept von Freizeitparks nicht nur in Nordamerika erfolgreich sein konnte, sondern auch in Europa eine große Anziehungskraft hatte. Disneyland Paris wurde zu einem Symbol für die Globalisierung der Freizeitparkindustrie und inspirierte viele andere Parks in Europa, ähnliche Konzepte zu entwickeln.

Im Laufe des 20. Jahrhunderts verbreitete sich das Konzept von Freizeitparks in ganz Europa und führte zu einer Vielzahl von Parks und Attraktionen in verschiedenen Ländern. Diese Parks boten den Besuchern eine Vielzahl von Unterhaltungsmöglichkeiten und trugen zur Entwicklung der Freizeitkultur in Europa bei. Heute sind Freizeitparks wie Europa-Park in Deutschland, Efteling in den Niederlanden und Alton Towers in Großbritannien beliebte Ausflugsziele für Millionen von Besuchern aus der ganzen Welt.

Disneyland: Die Revolution im Freizeitparkdesign

Einblick in Disneys innovative Ideen und Umsetzungen

Disneyland, das von Walt Disney persönlich konzipierte und erbaute Freizeitparkresort in Anaheim, Kalifornien, gilt als Meilenstein in der Geschichte der Freizeitparkindustrie. Seit seiner Eröffnung im Jahr 1955 hat Disneyland nicht nur die Art und Weise verändert, wie Menschen Freizeitparks wahrnehmen, sondern auch neue Standards für das Freizeitparkdesign gesetzt. In diesem Kapitel werfen wir einen genaueren Blick auf die innovativen Ideen und Umsetzungen, die Disneyland zu einem Vorreiter in der Branche gemacht haben.

Eine der innovativsten Ideen von Disneyland war die Schaffung von Themenbereichen, die den Besuchern das Gefühl geben, in eine andere Welt einzutauchen. Anstatt nur eine Sammlung von Fahrgeschäften und Attraktionen zu sein, war Disneyland von Anfang an darauf ausgerichtet, den Besuchern ein immersives Erlebnis zu bieten. Jeder Themenbereich wurde sorgfältig gestaltet, um eine bestimmte Atmosphäre und Stimmung zu schaffen, sei es das futuristische Tomorrowland, das nostalgische Main Street, U.S.A. oder das exotische Adventureland.

Ein weiterer innovativer Aspekt von Disneyland war die Integration von Technologie in die Attraktionen und Shows. Walt Disney war ein Visionär, der früh erkannte, dass Technologie ein mächtiges Werkzeug sein könnte, um die Fantasie zum Leben zu erwecken. So wurden in Disneyland innovative Fahrgeschäfte wie der Matterhorn Bobsleds, die Haunted Mansion und die Pirates of the Caribbean entwickelt, die allesamt wegweisend für die Freizeitparkindustrie waren. Disney nutzte auch animatronische Figuren, Spezialeffekte und Audio-Animatronics, um den Besuchern ein unvergessliches Erlebnis zu bieten.

Ein weiterer wichtiger Beitrag von Disneyland zum Freizeitparkdesign war die Betonung von Sauberkeit, Sicherheit und Gastfreundschaft. Disneyland war von Anfang an darauf ausgerichtet, den Besuchern ein erstklassiges Erlebnis zu bieten, und legte großen Wert auf Service und Qualität. Die Mitarbeiter wurden geschult, um die Gäste freundlich und zuvorkommend zu behandeln, und es wurden strenge Sicherheitsstandards eingeführt, um Unfälle zu vermeiden.

Insgesamt hat Disneyland die Freizeitparkindustrie nachhaltig verändert und neue Maßstäbe für das Freizeitparkdesign gesetzt. Durch die Kombination von Themenbereichen, Technologie und Gastfreundschaft hat Disneyland einen einzigartigen Ort geschaffen, der Millionen von Menschen aus der ganzen Welt inspiriert und begeistert hat.

Technologische Fortschritte und Attraktionen

Die Rolle von Technologie in der Entwicklung von Fahrgeschäften

Die Entwicklung von Fahrgeschäften in Freizeitparks wurde maßgeblich von technologischen Fortschritten beeinflusst. Von einfachen mechanischen Konstruktionen bis hin zu hochkomplexen, computergesteuerten Attraktionen haben technologische Innovationen die Vielfalt und den Nervenkitzel von Fahrgeschäften kontinuierlich verbessert. In diesem Kapitel werden wir die entscheidende Rolle von Technologie in der Evolution der Fahrgeschäfte näher betrachten.

Eine der bedeutendsten technologischen Innovationen in der Geschichte der Fahrgeschäfte war die Einführung von hydraulischen und pneumatischen Systemen. Diese Systeme ermöglichten es den Fahrgeschäften, sich schneller, reibungsloser und realistischer zu bewegen. Dies führte zur Entwicklung von aufregenden neuen Fahrgeschäften wie Achterbahnen, die steilere Abfahrten und schärfere Kurven ermöglichten, sowie zu schnelleren und dynamischeren Fahrgeschäften wie Karussells und Schiffschaukeln.

Ein weiterer wichtiger Meilenstein in der Geschichte der Fahrgeschäfte war die Einführung von elektrischen Antrieben. Elektrische Motoren ermöglichten es den Fahrgeschäften, sich noch schneller und dynamischer zu bewegen, und eröffneten damit völlig neue Möglichkeiten für das Fahrgeschäftdesign. Elektrische Antriebe wurden in einer Vielzahl von Fahrgeschäften eingesetzt, darunter Achterbahnen, Karussells und Dark Rides, und trugen dazu bei, den Nervenkitzel und die Aufregung für die Besucher zu steigern.

In den letzten Jahrzehnten hat die digitale Technologie eine immer größere Rolle in der Entwicklung von Fahrgeschäften gespielt. Computersteuerungssysteme ermöglichen es den Fahrgeschäften, präzise choreographierte Bewegungen auszuführen und eine Vielzahl von Spezialeffekten einzubauen, wie zum Beispiel Lichter, Soundeffekte und Animationen. Diese Technologie hat die Fahrgeschäfte noch interaktiver und immersiver gemacht und den Besuchern ein noch intensiveres Erlebnis geboten.

Ein weiterer wichtiger Bereich der technologischen Innovation in der Entwicklung von Fahrgeschäften ist die Virtual Reality (VR) und Augmented Reality (AR). Durch die Integration von VR- und AR-Technologie können Fahrgeschäfte den Besuchern ein völlig neues Erlebnis bieten, bei dem sie in virtuelle Welten eintauchen und interagieren können. Diese Technologie hat die Grenzen dessen erweitert, was in einem Fahrgeschäft möglich ist, und den Besuchern ein noch aufregenderes und immersiveres Erlebnis geboten.

Insgesamt haben technologische Fortschritte einen entscheidenden Beitrag zur Evolution der Fahrgeschäfte in Freizeitparks geleistet. Von mechanischen Konstruktionen bis hin zu hochkomplexen, computergesteuerten Attraktionen haben technologische Innovationen die Vielfalt, den Nervenkitzel und die Immersion von Fahrgeschäften kontinuierlich verbessert und den Freizeitparkbesuchern unvergessliche Erlebnisse geboten.

Die goldenen Jahre der Freizeitparks

Blütezeit und Expansion der Freizeitparkindustrie

Die Zeit von den späten 1960er bis zu den frühen 2000er Jahren wird oft als die ›goldenen Jahre‹ der Freizeitparks bezeichnet. In dieser Zeit erlebte die Freizeitparkindustrie eine beispiellose Blütezeit und Expansion, geprägt von einer Vielzahl neuer Parks, bahnbrechender Attraktionen und einem stetigen Anstieg der Besucherzahlen. In diesem Kapitel werden wir einen genaueren Blick auf diese goldenen Jahre werfen und die Faktoren untersuchen, die zu ihrem Erfolg beigetragen haben.

Eine der wichtigsten Entwicklungen in den goldenen Jahren der Freizeitparks war die Expansion großer Freizeitparkketten. Unternehmen wie Six Flags, Cedar Fair und Disney investierten massiv in den Bau neuer Parks und die Entwicklung aufregender neuer Attraktionen. Diese Ketten profitierten von Skaleneffekten und konnten Kosten sparen, indem sie Ressourcen und Know-how zwischen ihren verschiedenen Standorten teilten. Dies führte zu einer explosionsartigen Zunahme der Anzahl von Freizeitparks in den USA und auf der ganzen Welt.

Ein weiterer wichtiger Faktor für das Wachstum der Freizeitparkindustrie in den goldenen Jahren war die Entwicklung neuer Technologien und Attraktionen. Die Einführung von Computersteuerungssystemen, Virtual Reality, Wasserattraktionen und Themenfahrten eröffnete völlig neue Möglichkeiten für das Fahrgeschäftdesign und steigerte den Nervenkitzel und die Attraktivität von Freizeitparks. Diese innovativen Attraktionen zogen Millionen von Besuchern an und trugen dazu bei, die Freizeitparkindustrie zu einem Milliarden-Dollar-Geschäft zu machen.

Darüber hinaus trugen auch gesellschaftliche Trends dazu bei, die Freizeitparkindustrie in den goldenen Jahren zu unterstützen. Der steigende Wohlstand, die zunehmende Freizeit und die wachsende Bedeutung von Freizeitaktivitäten als Familienunterhaltung förderten die Nachfrage nach Freizeitparks. Die Parks reagierten darauf, indem sie ihr Angebot erweiterten und sich zunehmend auf die Bedürfnisse und Vorlieben von Familien konzentrierten, indem sie familienfreundliche Attraktionen, Shows und Veranstaltungen anboten.

Insgesamt waren die goldenen Jahre der Freizeitparks eine Zeit des beispiellosen Wachstums und der Innovation. Die Branche erlebte eine Phase der Expansion und Diversifizierung, die sie zu einem integralen Bestandteil der modernen Freizeitkultur machte. Auch wenn sich die Branche seitdem weiterentwickelt hat, bleiben die goldenen Jahre der Freizeitparks ein wichtiger Meilenstein in der Geschichte der Unterhaltungsindustrie.

Herausforderungen in Zeiten wirtschaftlicher Krisen

Wie Freizeitparks mit ökonomischen Herausforderungen umgehen

Wirtschaftliche Krisen stellen Freizeitparks vor eine Vielzahl von Herausforderungen, die sich auf ihre Betriebsabläufe, ihre Finanzen und ihre langfristige Entwicklung auswirken können. In diesem Kapitel werden wir untersuchen, wie Freizeitparks typischerweise mit ökonomischen Herausforderungen umgehen und welche Strategien sie einsetzen, um ihre Stabilität und Rentabilität zu erhalten.

Eine der ersten Herausforderungen, mit denen Freizeitparks in wirtschaftlichen Krisen konfrontiert sind, ist der Rückgang der Besucherzahlen. In Zeiten wirtschaftlicher Unsicherheit neigen die Verbraucher dazu, ihre Ausgaben für Freizeitaktivitäten zu reduzieren und möglicherweise auf teure Unterhaltungsangebote wie Freizeitparks zu verzichten. Dies kann zu einem spürbaren Rückgang der Einnahmen führen und die Rentabilität der Parks beeinträchtigen.

Um diesem Rückgang der Besucherzahlen entgegenzuwirken, setzen Freizeitparks oft auf verschiedene Marketing- und Werbestrategien. Dies kann die Einführung von Sonderangeboten, Rabatten, Paketangeboten und Werbekampagnen umfassen, um neue Besucher anzulocken und bestehende Kunden zu halten. Durch gezieltes Marketing und eine klare Kommunikation können Freizeitparks ihr Angebot als erschwingliche und attraktive Freizeitmöglichkeit positionieren, auch in wirtschaftlich schwierigen Zeiten.

Ein weiterer wichtiger Aspekt bei der Bewältigung ökonomischer Herausforderungen ist die Optimierung der betrieblichen Effizienz und Kostenkontrolle. Freizeitparks können ihre Betriebskosten überprüfen, um potenzielle Einsparungen zu identifizieren und zu realisieren, ohne dabei die Qualität ihres Angebots zu beeinträchtigen. Dies kann die Optimierung von Arbeitsabläufen, die Reduzierung von Personal- und Betriebskosten sowie die Verbesserung der Energieeffizienz umfassen.

Darüber hinaus können Freizeitparks in wirtschaftlich schwierigen Zeiten auch auf Diversifizierung und Innovation setzen, um neue Einnahmequellen zu erschließen und ihre Widerstandsfähigkeit gegenüber wirtschaftlichen Schocks zu stärken. Dies kann die Einführung neuer Attraktionen und Veranstaltungen, die Entwicklung neuer Geschäftsbereiche wie Hotels und Restaurants, sowie die Erschließung neuer Zielgruppen und Märkte umfassen.

Insgesamt müssen Freizeitparks in Zeiten wirtschaftlicher Krisen flexibel, kreativ und reaktionsschnell sein, um die Herausforderungen zu bewältigen, die sich ihnen stellen. Durch eine kluge Kombination aus Marketing, Kostenkontrolle, Diversifizierung und Innovation können Freizeitparks ihre Stabilität und Rentabilität auch in schwierigen wirtschaftlichen Zeiten erhalten und langfristig erfolgreich bleiben.

Themenparks weltweit: Vielfalt und Einzigartigkeit

Betrachtung verschiedener Themenparkkonzepte auf der ganzen Welt

Themenparks sind inzwischen zu einem weltweit beliebten Freizeitangebot geworden und bieten eine Vielzahl von einzigartigen Konzepten und Erlebnissen für Besucher jeden Alters. In diesem Kapitel werden wir verschiedene Themenparkkonzepte auf der ganzen Welt betrachten und ihre Vielfalt und Einzigartigkeit herausstellen.

1. Disneyland Resort, USA:

Als das ursprüngliche Disneyland in Anaheim, Kalifornien, im Jahr 1955 eröffnet wurde, legte es den Grundstein für das moderne Themenparkkonzept. Seitdem hat sich das Disneyland Resort zu einem weltweit führenden Reiseziel entwickelt, das Millionen von Besuchern aus der ganzen Welt anzieht. Mit seinen ikonischen Themenbereichen wie Fantasyland, Adventureland und Tomorrowland bietet Disneyland ein breites Spektrum an Attraktionen und Unterhaltungsmöglichkeiten für die ganze Familie.

2. Universal Studios, USA:

Die Universal Studios sind bekannt für ihre einzigartigen Themenparks, die auf beliebten Filmen und Fernsehserien basieren. Von den Harry Potter-Themenbereichen in den Universal Studios Orlando und Hollywood bis hin zu Attraktionen wie Jurassic Park und Transformers bieten die Universal Studios den Besuchern die Möglichkeit, in die Welt ihrer Lieblingsfilme und -serien einzutauchen.

3. Europa-Park, Deutschland:

Als einer der größten Themenparks in Europa bietet der Europa-Park in Rust, Deutschland, eine Vielzahl von Attraktionen und Themenbereichen, die die Vielfalt und Kultur des Kontinents feiern. Von der Schweiz über Griechenland bis nach Russland bietet der Europa-Park den Besuchern die Möglichkeit, durch verschiedene Länder und Epochen zu reisen und dabei aufregende Fahrgeschäfte und Shows zu erleben.

4. Tokyo Disney Resort, Japan:

Das Tokyo Disney Resort ist eines der beliebtesten Reiseziele in Japan und besteht aus den Themenparks Tokyo Disneyland und Tokyo DisneySea. Tokyo Disneyland bietet ähnliche Themenbereiche wie das ursprüngliche Disneyland in Kalifornien, während Tokyo DisneySea mit seinen einzigartigen Themen wie Hafenstädten, Abenteuerinseln und mystischen Königreichen eine völlig neue Erfahrung bietet.

5. Shanghai Disneyland, China:

Als der jüngste Disney-Themenpark, der 2016 eröffnet wurde, ist Shanghai Disneyland bekannt für seine atemberaubende Architektur, seine innovativen Attraktionen und seine kulturellen Einflüsse. Mit seinen einzigartigen Themenbereichen wie Gardens of Imagination, Tomorrowland und Adventure Isle bietet Shanghai Disneyland den Besuchern ein unvergessliches Erlebnis, das die reiche Geschichte und Kultur Chinas widerspiegelt.

Diese Beispiele verdeutlichen die Vielfalt und Einzigartigkeit der Themenparkkonzepte auf der ganzen Welt. Von den ikonischen Disney-Resorts in den USA und Japan bis hin zu den innovativen Universal Studios und dem Europa-Park in Europa bieten Themenparks den Besuchern die Möglichkeit, in fantastische Welten einzutauchen und unvergessliche Erlebnisse zu genießen.

Die soziale Bedeutung von Freizeitparks

Freizeitparks als soziale Treffpunkte und Familienaktivitäten

Freizeitparks spielen eine bedeutende Rolle als soziale Treffpunkte und Familienaktivitäten, da sie Menschen jeden Alters und Hintergrunds zusammenbringen und eine Vielzahl von Möglichkeiten für gemeinsame Erlebnisse und Interaktionen bieten. In diesem Kapitel werden wir die soziale Bedeutung von Freizeitparks genauer betrachten und ihre Rolle als soziale Treffpunkte und Familienaktivitäten beleuchten.

1. Gemeinsame Erlebnisse für Familien:

Freizeitparks bieten Familien die Möglichkeit, gemeinsame Erlebnisse und Abenteuer zu teilen, die langanhaltende Erinnerungen schaffen. Von aufregenden Fahrten und Attraktionen bis hin zu unterhaltsamen Shows und Veranstaltungen gibt es für jeden etwas zu erleben und zu entdecken. Diese gemeinsamen Erlebnisse stärken die Bindung zwischen Familienmitgliedern und fördern das Zusammengehörigkeitsgefühl.

2. Interaktion und Gemeinschaft:

Freizeitparks dienen auch als Orte der Interaktion und Gemeinschaft, wo Menschen aus verschiedenen Regionen und Kulturen zusammenkommen und gemeinsam Spaß haben können. Durch das Warten in den Warteschlangen, das Teilen von Tischen in Restaurants und das Erleben von Attraktionen zusammen entstehen oft spontane Begegnungen und neue Freundschaften. Diese Interaktionen tragen zur Schaffung einer positiven und inklusiven Gemeinschaft bei, die Vielfalt und Zusammenhalt fördert.

3. Bildung und Unterhaltung:

Freizeitparks bieten nicht nur Unterhaltung, sondern auch Bildung und Lernen für Besucher jeden Alters. Viele Parks bieten interaktive Ausstellungen, informative Shows und thematische Attraktionen, die historische, kulturelle und wissenschaftliche Themen behandeln. Durch diese Bildungsangebote können Besucher ihr Wissen erweitern und neue Perspektiven gewinnen, während sie gleichzeitig Spaß haben und sich unterhalten.

4. Förderung von Gesundheit und Wohlbefinden:

Freizeitparks fördern auch die körperliche Aktivität und das Wohlbefinden der Besucher, indem sie eine Vielzahl von Aktivitäten im Freien und Bewegungsmöglichkeiten anbieten. Von Spaziergängen durch thematische Gärten bis hin zu aufregenden Achterbahnfahrten und Wasserrutschen bieten Freizeitparks eine breite Palette von körperlichen Herausforderungen und Belohnungen. Diese Aktivitäten tragen dazu bei, Stress abzubauen, die Stimmung zu verbessern und das allgemeine Wohlbefinden zu fördern.

Insgesamt spielen Freizeitparks eine wichtige Rolle als soziale Treffpunkte und Familienaktivitäten, indem sie Menschen zusammenbringen, Interaktionen fördern, Bildung und Unterhaltung bieten und die Gesundheit und das Wohlbefinden fördern. Durch ihre Vielfalt an Angeboten und Erlebnissen tragen Freizeitparks dazu bei, positive und bereichernde Lebenserfahrungen für Besucher aller Altersgruppen zu schaffen.

Ökologische Überlegungen: Nachhaltigkeit in Freizeitparks

Wie Freizeitparks mit Umweltfragen umgehen und nachhaltiger werden

In einer Zeit zunehmender Umweltbewusstsein und ökologischer Herausforderungen stehen Freizeitparks vor der Aufgabe, nachhaltige Praktiken zu implementieren und ihre Auswirkungen auf die Umwelt zu minimieren. In diesem Kapitel werden wir untersuchen, wie Freizeitparks mit Umweltfragen umgehen und ihre Bemühungen zur Nachhaltigkeit verstärken.

1. Energieeffizienz und erneuerbare Energien:

Viele Freizeitparks setzen auf Energieeffizienzmaßnahmen und erneuerbare Energien, um ihren Energieverbrauch zu reduzieren und ihre CO2-Emissionen zu minimieren. Dies kann die Installation von Solaranlagen, Windturbinen und anderen erneuerbaren Energiequellen umfassen, um den Bedarf an fossilen Brennstoffen zu verringern und die Umweltbelastung zu senken.

2. Wassermanagement und Abfallreduzierung:

Freizeitparks implementieren zunehmend Programme zur effizienten Nutzung von Wasserressourcen und zur Reduzierung von Abfall. Dies kann die Nutzung von Wasserrückgewinnungssystemen, die Einführung von Recyclingprogrammen und die Verwendung umweltfreundlicher Verpackungen umfassen, um die Auswirkungen auf die Umwelt zu minimieren und Ressourcen zu schonen.

3. Naturschutz und Biodiversität:

Viele Freizeitparks engagieren sich aktiv für den Naturschutz und den Schutz der Biodiversität in ihren Anlagen. Dies kann die Erhaltung von natürlichen Lebensräumen, die Renaturierung von Flächen und die Unterstützung von lokalen Umweltschutzprojekten umfassen, um die ökologische Vielfalt zu erhalten und zu fördern.

4. Umweltbildung und Sensibilisierung:

Freizeitparks spielen auch eine wichtige Rolle bei der Umweltbildung und Sensibilisierung der Besucher für Umweltfragen. Durch die Bereitstellung von informativen Ausstellungen, interaktiven Lehrpfaden und Umweltprogrammen können Freizeitparks dazu beitragen, das Bewusstsein für Umweltthemen zu schärfen und Verhaltensänderungen zu fördern.

5. Zertifizierungen und Standards:

Viele Freizeitparks streben Zertifizierungen und Standards für nachhaltiges Bauen und Betreiben an, um ihre Umweltleistung zu verbessern und ihre Nachhaltigkeitsbemühungen zu dokumentieren. Dies kann die Zertifizierung nach LEED (Leadership in Energy and Environmental Design) oder anderen Nachhaltigkeitsstandards umfassen, um sicherzustellen, dass die Parks die höchsten Umweltstandards einhalten.

Insgesamt zeigen diese Bemühungen, wie Freizeitparks mit Umweltfragen umgehen und ihre Anstrengungen zur Nachhaltigkeit verstärken. Durch die Implementierung von energieeffizienten Maßnahmen, die Reduzierung von Abfall, den Schutz der Biodiversität, die Umweltbildung und die Einhaltung von Zertifizierungen und Standards können Freizeitparks dazu beitragen, die Umweltbelastung zu minimieren und eine nachhaltigere Zukunft zu schaffen.

Krisenmanagement: Naturkatastrophen und Unfälle

Umgang mit unvorhergesehenen Ereignissen in Freizeitparks

Freizeitparks stehen vor der Herausforderung, mit unvorhergesehenen Ereignissen wie Naturkatastrophen und Unfällen umzugehen, die die Sicherheit der Besucher gefährden und den Betrieb des Parks beeinträchtigen können. In diesem Kapitel werden wir untersuchen, wie Freizeitparks auf solche Krisensituationen reagieren und welche Maßnahmen sie ergreifen, um die Sicherheit ihrer Gäste zu gewährleisten und den normalen Betrieb wiederherzustellen.

1. Notfallvorbereitung und -planung:

Ein wesentlicher Bestandteil des Krisenmanagements in Freizeitparks ist die Notfallvorbereitung und -planung. Parks entwickeln umfassende Notfallpläne, die verschiedene Szenarien wie Naturkatastrophen, Unfälle und medizinische Notfälle abdecken und klare Verfahren für die Evakuierung, Rettung und Kommunikation festlegen.

2. Schulung und Ausbildung:

Mitarbeiter in Freizeitparks erhalten regelmäßige Schulungen und Ausbildungen im Umgang mit Krisensituationen, um sicherzustellen, dass sie in Notfällen angemessen reagieren können. Dies umfasst Schulungen zur Ersten Hilfe, Evakuierungstechniken, Krisenkommunikation und Konfliktlösung, um eine effektive und koordinierte Reaktion zu gewährleisten.

3. Überwachung und Frühwarnsysteme:

Freizeitparks setzen auch auf Überwachungs- und Frühwarnsysteme, um potenzielle Risiken frühzeitig zu erkennen und darauf zu reagieren. Dies umfasst die Überwachung von Wetterbedingungen, die Erkennung von Sicherheitsrisiken an Fahrgeschäften und Attraktionen sowie die Implementierung von Alarm- und Evakuierungssystemen für den Notfall.

4. Kommunikation und Krisenbewältigung:

Im Falle einer Krise ist eine klare und effektive Kommunikation entscheidend, um Besucher und Mitarbeiter zu informieren und zu schützen. Freizeitparks setzen auf verschiedene Kommunikationskanäle wie Lautsprecherdurchsagen, digitale Anzeigen, soziale Medien und Mitarbeiterkommunikationssysteme, um wichtige Informationen zu verbreiten und Anweisungen zu geben.

5. Nachsorge und Wiederherstellung:

Nach einer Krisensituation ist es wichtig, Maßnahmen zur Nachsorge und Wiederherstellung zu ergreifen, um den normalen Betrieb des Parks wiederherzustellen und das Vertrauen der Besucher wiederzugewinnen. Dies kann die Bereitstellung von Unterstützungsdiensten für betroffene Gäste und Mitarbeiter, die Überprüfung und Verbesserung von Sicherheitsmaßnahmen sowie die Kommunikation von Maßnahmen zur Verbesserung der Sicherheit umfassen.

Insgesamt zeigen diese Maßnahmen, wie Freizeitparks auf unvorhergesehene Ereignisse wie Naturkatastrophen und Unfälle reagieren und sicherstellen, dass die Sicherheit ihrer Gäste oberste Priorität hat. Durch Notfallvorbereitung, Schulung, Überwachung, Kommunikation und Krisenbewältigung können Freizeitparks eine effektive Reaktion auf Krisensituationen gewährleisten und die Sicherheit und das Wohlergehen ihrer Besucher schützen.

Digitalisierung im Freizeitparkerlebnis

Die Integration von Technologie für Besucherinteraktion

In der heutigen digitalen Ära spielen Technologie und digitale Innovationen eine immer größere Rolle im Freizeitparkerlebnis. Dieses Kapitel widmet sich der Integration von Technologie für Besucherinteraktion in Freizeitparks und untersucht, wie digitale Lösungen das Erlebnis der Gäste verbessern und erweitern können.

1. Mobile Apps und virtuelle Assistenten:

Viele Freizeitparks bieten ihren Besuchern mobile Apps an, die ihnen dabei helfen, ihren Tag im Park zu planen, Attraktionen zu finden, Wartezeiten zu überprüfen und Tickets zu kaufen. Darüber hinaus integrieren einige Parks virtuelle Assistenten oder Chatbots in ihre Apps, um Besuchern bei Fragen zu helfen und personalisierte Empfehlungen zu geben.

2. Augmented Reality (AR) und Virtual Reality (VR):

AR- und VR-Technologien werden zunehmend in Freizeitparks eingesetzt, um immersive Erlebnisse und interaktive Attraktionen zu schaffen. Besucher können durch AR-Brillen oder mobile Apps in virtuelle Welten eintauchen, interaktive Spiele spielen oder Informationen über Attraktionen und Sehenswürdigkeiten erhalten.

3. Interaktive Fahrgeschäfte und Spiele:

Viele Fahrgeschäfte und Attraktionen in Freizeitparks werden mit interaktiven Elementen und Technologien ausgestattet, um die Erfahrung der Besucher zu verbessern. Dies kann die Integration von Touchscreens, Bewegungssensoren, Licht- und Soundeffekten sowie interaktiven Spielgeräten umfassen, die es den Gästen ermöglichen, aktiv an der Attraktion teilzunehmen und das Geschehen zu beeinflussen.

4. Digitale Thematisierung und Storytelling:

Digitale Technologien werden auch zur Thematisierung und zum Storytelling in Freizeitparks eingesetzt, um immersive Geschichten und Erlebnisse zu schaffen. Dies kann die Verwendung von Projektionen, Licht- und Tontechnik, animierten Figuren und digitalen Effekten umfassen, um eine fesselnde und emotionale Reise für die Besucher zu gestalten.

5. Personalisierung und Datenanalyse:

Durch die Integration von Technologie können Freizeitparks auch personalisierte Erlebnisse für ihre Besucher schaffen. Durch die Analyse von Besucherdaten und Verhaltensmustern können Parks maßgeschneiderte Angebote, Empfehlungen und Erlebnisse anbieten, die auf den individuellen Vorlieben und Interessen der Gäste basieren.

Insgesamt zeigen diese Beispiele, wie die Integration von Technologie für Besucherinteraktion das Freizeitparkerlebnis revolutioniert und erweitert. Durch mobile Apps, AR und VR, interaktive Fahrgeschäfte, digitale Thematisierung und personalisierte Angebote können Freizeitparks ihren Gästen ein innovatives und unterhaltsames Erlebnis bieten, das sie in eine Welt voller Abenteuer und Fantasie entführt.

Erfolgsgeschichten und Misserfolge

Beispiele für Freizeitparks, die besonders hervorstechen oder scheitern

In diesem Kapitel werfen wir einen Blick auf einige herausragende Erfolgsgeschichten sowie traurige Misserfolge in der Welt der Freizeitparks. Von Parks, die durch ihre einzigartige Konzeption und Umsetzung beeindrucken, bis hin zu solchen, die mit Herausforderungen zu kämpfen hatten und scheiterten, bieten diese Beispiele Einblicke in die Vielfalt und Komplexität der Freizeitparkindustrie.

Erfolgsgeschichten:

Disneyland Resort (Kalifornien, USA):

Disneyland ist zweifellos eine der erfolgreichsten und ikonischsten Freizeitparkmarken weltweit. Mit seinem einzigartigen Konzept von ›The Happiest Place on Earth‹ und seiner unübertroffenen thematischen Ausgestaltung hat Disneyland Generationen von Besuchern begeistert und inspiriert.

Universal Studios (Orlando, Florida, USA):

Die Universal Studios stehen für innovative Attraktionen, die auf beliebten Filmen und Franchises basieren. Mit fesselnden Fahrgeschäften, interaktiven Shows und immersiven Welten wie ›Harry Potter‹ haben die Universal Studios eine starke globale Präsenz aufgebaut und setzen weiterhin Maßstäbe in der Freizeitparkindustrie.

Europa-Park (Rust, Deutschland):

Als einer der größten und beliebtesten Freizeitparks Europas ist der Europa-Park für seine thematische Vielfalt, hochwertige Attraktionen und herausragende Gastfreundschaft bekannt. Mit ständigen Erweiterungen und Innovationen hat der Europa-Park eine treue Fangemeinde gewonnen und wurde mehrfach als bester Freizeitpark der Welt ausgezeichnet.

Misserfolge:

Six Flags New Orleans (Louisiana, USA):

Einst ein vielversprechender Freizeitpark, wurde das Six Flags New Orleans nach dem Hurrikan Katrina im Jahr 2005 schwer beschädigt und blieb seitdem geschlossen. Trotz mehrerer Pläne zur Wiedereröffnung konnte der Park nicht wiederbelebt werden und bleibt als verlassene Ruine ein trauriges Symbol für die Zerstörung durch Naturkatastrophen.

Hard Rock Park (South Carolina, USA):

Der Hard Rock Park, der 2008 eröffnet wurde, war ein ehrgeiziges Projekt, das Rockmusik und Themenparkunterhaltung kombinieren sollte. Trotz seines einzigartigen Konzepts und hochwertiger Attraktionen musste der Park bereits nach einem Jahr Betrieb aufgrund finanzieller Probleme schließen.

Lavaland (Island):

Lavaland war ein geothermischer Freizeitpark auf Island, der versuchte, die natürlichen Gegebenheiten des Landes zu nutzen, um ein einzigartiges Erlebnis zu bieten. Trotz des potenziellen Reizes des Konzepts und der beeindruckenden Landschaft konnte Lavaland aufgrund von Schwierigkeiten bei der Infrastruktur und der Finanzierung nicht erfolgreich betrieben werden und wurde schließlich geschlossen.

Diese Erfolgsgeschichten und Misserfolge verdeutlichen die Vielfalt und Komplexität der Freizeitparkindustrie sowie die Herausforderungen, denen Parkbetreiber gegenüberstehen. Während einige Parks durch ihre Innovation und Exzellenz herausragen, stehen andere vor schwerwiegenden Hindernissen und müssen mit Misserfolgen umgehen. Dennoch zeigen diese Beispiele, dass Freizeitparks eine faszinierende und dynamische Welt sind, die sowohl Triumphe als auch Rückschläge erlebt.

Freizeitparks als kulturelles Erbe

Der kulturelle Einfluss und historische Bedeutung von Freizeitparks

Freizeitparks sind nicht nur Orte der Unterhaltung und des Vergnügens, sondern auch bedeutende kulturelle Institutionen, die einen tiefgreifenden Einfluss auf die Gesellschaft und die Geschichte haben. Dieses Kapitel widmet sich der historischen Bedeutung von Freizeitparks und ihrem kulturellen Erbe, das sich über Jahrhunderte erstreckt.

1. Ursprünge in der Vergangenheit:

Die Wurzeln von Freizeitparks lassen sich bis in die Antike zurückverfolgen, wo bereits öffentliche Gärten und Unterhaltungsbereiche existierten, die Menschen zum Vergnügen und zur Erholung besuchten. Im Laufe der Geschichte entwickelten sich diese Vorläufer zu den modernen Freizeitparks, die wir heute kennen.

2. Industrialisierung und Freizeitkultur:

Mit der Industrialisierung im 19. Jahrhundert entstand eine neue Freizeitkultur, in der die Arbeiterklasse mehr Freizeit hatte und nach Möglichkeiten der Unterhaltung suchte. Dies führte zur Entstehung erster Parks und Gärten als Orte der Erholung und des Vergnügens für die breite Bevölkerung.

3. Amerikanisches Phänomen und weltweite Verbreitung:

Während Freizeitparks zunächst hauptsächlich in den USA entstanden, begannen sie im 20. Jahrhundert, sich weltweit zu verbreiten. Mit dem Aufkommen von Themenparks wie Disneyland in den USA und dem Europa-Park in Deutschland erlangten Freizeitparks internationale Bekanntheit und wurden zu Symbolen der Popkultur.

4. Soziale Treffpunkte und Familienaktivitäten:

Freizeitparks haben sich im Laufe der Zeit zu wichtigen sozialen Treffpunkten entwickelt, an denen Familien und Gemeinschaften zusammenkommen, um gemeinsam Zeit zu verbringen und Erinnerungen zu schaffen. Sie bieten nicht nur Unterhaltung, sondern auch Bildung, Kultur und Gemeinschaftssinn.

5. Symbol für Innovation und Fortschritt:

Freizeitparks stehen auch für Innovation und Fortschritt in der Unterhaltungsbranche. Sie haben neue Technologien und Konzepte eingeführt, die das Erlebnis der Besucher revolutioniert haben, und haben damit Standards gesetzt, die von anderen Branchen übernommen wurden.

6. Bewahrung des kulturellen Erbes:

Als wichtige kulturelle Institutionen spielen Freizeitparks eine Rolle bei der Bewahrung des kulturellen Erbes und der Geschichte. Sie halten traditionelle Unterhaltungsformen und Geschichten am Leben und tragen dazu bei, das kulturelle Gedächtnis einer Gesellschaft zu bewahren.

Insgesamt verdeutlicht die historische Bedeutung und der kulturelle Einfluss von Freizeitparks ihre Rolle als wichtige Bestandteile des kulturellen Erbes einer Gesellschaft. Sie sind nicht nur Orte der Unterhaltung, sondern auch Symbole für den Zusammenhalt und die gemeinsamen Werte einer Gemeinschaft.

Die Zukunft der Freizeitparks: Trends und Innovationen

Prognosen und Entwicklungen für die kommenden Jahre

Die Freizeitparkbranche befindet sich in einem ständigen Wandel, angetrieben von Innovationen, technologischen Fortschritten und sich verändernden Verbrauchererwartungen. In diesem Kapitel werfen wir einen Blick auf die zukünftigen Trends und Entwicklungen, die die Freizeitparks in den kommenden Jahren prägen könnten.

1. Technologische Integration:

Die Integration von Technologie wird weiterhin ein wichtiger Trend in der Freizeitparkbranche sein. Mobile Apps, Augmented Reality (AR), Virtual Reality (VR) und künstliche Intelligenz (KI) werden genutzt, um interaktive Erlebnisse zu schaffen und das Besuchererlebnis zu personalisieren.

2. Nachhaltigkeit und Umweltbewusstsein:

Angesichts wachsender Umweltprobleme und des Bewusstseins für Nachhaltigkeit werden Freizeitparks verstärkt umweltfreundliche Praktiken einführen. Dies umfasst den Einsatz erneuerbarer Energien, die Reduzierung von Abfall und die Schaffung von grünen und nachhaltigen Attraktionen.

3. Immersive Thematisierung:

Die Ansprüche der Besucher an immersive und thematische Erlebnisse werden weiter steigen. Freizeitparks werden verstärkt in aufwendige Thematisierung investieren, um Besucher in fesselnde Welten und Geschichten eintauchen zu lassen, die über die traditionellen Fahrgeschäfte hinausgehen.

4. Personalisierte Erlebnisse:

Durch die Analyse von Besucherdaten und Verhaltensmustern werden Freizeitparks personalisierte Erlebnisse und Angebote anbieten, die auf die individuellen Vorlieben und Interessen der Gäste zugeschnitten sind. Dies umfasst maßgeschneiderte Empfehlungen, interaktive Spiele und personalisierte Attraktionen.

5. Digitale Innovationen:

Neue digitale Technologien und Innovationen werden die Art und Weise verändern, wie Besucher mit Freizeitparks interagieren. Dies kann die Einführung von Wearables für Ticketing und Zahlungen, die Integration von Augmented-Reality-Brillen in Attraktionen oder die Nutzung von Hologrammen und 3D-Projektionen für Shows umfassen.

6. Erweiterung der Zielgruppen:

Freizeitparks werden zunehmend bestrebt sein, neue Zielgruppen anzusprechen und ihr Angebot zu diversifizieren. Dies kann die Einführung von speziellen Events und Festivals, die Ausweitung des Angebots für Senioren oder die Schaffung von barrierefreien Attraktionen für Menschen mit Behinderungen umfassen.

7. Globale Expansion:

Mit der zunehmenden Globalisierung der Freizeitparkbranche werden bestehende Marken ihre Präsenz in neuen Märkten ausbauen und neue Parks in aufstrebenden Regionen eröffnen. Dies führt zu einer weiteren Diversifizierung des Angebots und einer zunehmenden Internationalisierung der Freizeitparks.

Insgesamt zeigen diese Trends und Innovationen, dass die Zukunft der Freizeitparks von einer Vielzahl von Faktoren geprägt sein wird, darunter technologische Entwicklungen, Nachhaltigkeitsbestrebungen und die Anpassung an sich verändernde Verbraucherbedürfnisse. Die Branche bleibt dynamisch und vielfältig, und die kommenden Jahre versprechen spannende Veränderungen und Entwicklungen für Freizeitparkliebhaber weltweit.

Globalisierung und Internationalisierung von Freizeitparkketten

Wie Freizeitparkmarken global expandieren

Die Globalisierung hat die Freizeitparkbranche maßgeblich beeinflusst und dazu geführt, dass bekannte Freizeitparkmarken ihre Präsenz über nationale Grenzen hinweg ausgeweitet haben. In diesem Kapitel werfen wir einen genaueren Blick darauf, wie Freizeitparkketten ihre Marken globalisieren und internationalisieren.

1. Einführung neuer Standorte:

Eine der Hauptstrategien für die Globalisierung von Freizeitparkmarken ist die Eröffnung neuer Standorte in verschiedenen Ländern und Regionen. Große Freizeitparkketten wie Disney, Universal Studios und Six Flags haben bereits erfolgreich Parks auf der ganzen Welt eröffnet, um neue Zielgruppen anzusprechen und ihren Einfluss zu vergrößern.

2. Anpassung an lokale Kulturen:

Bei der Expansion in neue Märkte ist es entscheidend, dass Freizeitparkmarken sich an lokale kulturelle und gesellschaftliche Gegebenheiten anpassen. Dies umfasst die Thematisierung von Attraktionen, Shows und Restaurants, um die kulturellen

Vorlieben und Traditionen der jeweiligen Region zu berück-
sichtigen.

3. Partnerschaften und Joint Ventures:

Um den Markteintritt in neuen Regionen zu erleichtern, ge-
hen Freizeitparkketten oft Partnerschaften und Joint Ventures
mit lokalen Unternehmen oder Regierungen ein. Diese Partnerschaften ermöglichen es den Parkbetreibern, von lokalem
Know-how und Ressourcen zu profitieren und gleichzeitig ihre
Marke zu stärken.

4. Übernahme bestehender Parks:

Eine weitere Strategie zur Globalisierung von Freizeitparkmarken ist die Übernahme oder Lizenzierung bestehender
Parks in anderen Ländern. Dadurch können Parkbetreiber
schnell in neue Märkte expandieren und von bereits etablierten
Einrichtungen und Infrastrukturen profitieren.

5. Diversifizierung des Angebots:

Um den unterschiedlichen Bedürfnissen und Vorlieben der
globalen Zielgruppen gerecht zu werden, diversifizieren Freizeitparkmarken ihr Angebot und integrieren verschiedene
Themen und Attraktionen. Dies kann die Einführung kulturell
relevanter Shows und Veranstaltungen, spezielle Events und
Festivals oder die Anpassung von Attraktionen an lokale Ge-
schmäcker umfassen.

6. Marketing und Markenaufbau:

Ein wichtiger Aspekt der Globalisierung von Freizeitparkmarken ist der Aufbau einer starken globalen Marke und die
Entwicklung effektiver Marketingstrategien, um neue Zielgruppen anzusprechen und das Bewusstsein für die Marke zu steigern. Dies umfasst die Nutzung verschiedener Kanäle wie
Social Media, Werbung und Partnerschaften mit Influencern.

Insgesamt zeigen diese Strategien und Ansätze, wie Freizeitparkmarken erfolgreich global expandieren können, um neue
Märkte zu erschließen und ihre Position als führende Akteure
in der Freizeitparkbranche zu stärken. Die Globalisierung und
Internationalisierung von Freizeitparkketten wird auch in Zukunft eine wichtige Rolle spielen, da die Nachfrage nach Unterhaltung und Erlebnissen auf der ganzen Welt weiter steigt.

Die Rolle der Community: Lokale Auswirkungen von Freizeitparks

Einfluss von Freizeitparks auf lokale Gemeinschaften

Freizeitparks sind nicht nur Orte der Unterhaltung, sondern spielen auch eine bedeutende Rolle in den Gemeinschaften, in denen sie sich befinden. In diesem Kapitel untersuchen wir die Auswirkungen von Freizeitparks auf lokale Gemeinschaften und wie sie das soziale, wirtschaftliche und kulturelle Leben beeinflussen.

1. Wirtschaftlicher Motor:

Freizeitparks können einen erheblichen wirtschaftlichen Beitrag zur lokalen Gemeinschaft leisten, indem sie Arbeitsplätze schaffen, Tourismus fördern und Einnahmen für lokale Unternehmen generieren. Die Präsenz eines Freizeitparks kann zu einem Anstieg des Umsatzes in Hotels, Restaurants, Einzelhandelsgeschäften und anderen Branchen führen und damit zur wirtschaftlichen Entwicklung der Region beitragen.

2. Tourismus und Besucherstrom:

Die Attraktivität eines Freizeitparks zieht Besucher aus der ganzen Welt an und kann dazu beitragen, den Tourismus in der Region anzukurbeln. Dies kann zu einer verbesserten Infrastruktur führen, um den Besucherstrom zu bewältigen, sowie zu einer größeren Vielfalt an touristischen Angeboten und Dienstleistungen für Besucher und Einheimische.

3. Förderung lokaler Kultur und Identität:

Freizeitparks können eine Plattform für die Förderung lokaler Kultur und Identität sein, indem sie kulturelle Veranstaltungen, Festivals und Ausstellungen organisieren, die die Geschichte und Traditionen der Region widerspiegeln. Dies trägt zur Stärkung des Gemeinschaftsgefühls bei und fördert das Bewusstsein für die lokale Kultur und Geschichte.

4. Gemeinschaftliche Zusammenarbeit und Partnerschaften:

Freizeitparks arbeiten oft eng mit lokalen Regierungen, Organisationen und Gemeinschaften zusammen, um positive Auswirkungen auf die Umgebung zu erzielen. Dies kann die Unterstützung von Bildungsprogrammen, Umweltschutzprojekten oder gemeinnützigen Initiativen umfassen, die zur Verbesserung der Lebensqualität der Bewohner beitragen.

5. Infrastrukturelle Entwicklung:

Die Entwicklung eines Freizeitparks kann auch zur Verbesserung der Infrastruktur in der Region führen, einschließlich des Ausbaus von Straßen, öffentlichen Verkehrsmitteln und Freizeiteinrichtungen. Dies trägt dazu bei, die Lebensqualität der

Einwohner zu verbessern und das Potenzial für weiteres Wachstum und Entwicklung zu schaffen.

6. Herausforderungen und Gegenreaktionen:

Trotz der vielen Vorteile können Freizeitparks auch Herausforderungen für lokale Gemeinschaften mit sich bringen, wie z.B. Verkehrsstaus, Umweltbelastungen oder soziale Konflikte. In solchen Fällen ist eine aktive Zusammenarbeit zwischen dem Freizeitpark und der Gemeinschaft erforderlich, um gemeinsame Lösungen zu finden und die negativen Auswirkungen zu minimieren.

Insgesamt zeigen diese Punkte, wie Freizeitparks eine aktive Rolle in den lokalen Gemeinschaften spielen und dazu beitragen können, das soziale, wirtschaftliche und kulturelle Leben in der Umgebung zu bereichern. Durch eine enge Zusammenarbeit zwischen Freizeitparkbetreibern, lokalen Regierungen und Gemeinschaftsorganisationen können positive Veränderungen gefördert und die Lebensqualität für alle Bewohner verbessert werden.

Reflexion und Ausblick: Die Bedeutung von Freizeitparks im 21. Jahrhundert

Schlussbetrachtungen zur heutigen Bedeutung und Zukunft von Freizeitparks

Freizeitparks haben im Laufe der Geschichte eine bemerkenswerte Entwicklung durchlaufen und sind zu einem integralen Bestandteil unserer modernen Gesellschaft geworden. In diesem abschließenden Kapitel werfen wir einen Blick auf die aktuelle Bedeutung von Freizeitparks im 21. Jahrhundert und ihre zukünftige Rolle in der Unterhaltungsindustrie.

1. Vielfältige Unterhaltungsmöglichkeiten:

In einer Zeit, in der die Unterhaltungslandschaft zunehmend digitalisiert und fragmentiert ist, bieten Freizeitparks eine einzigartige Möglichkeit für Menschen, gemeinsam Zeit zu verbringen und unvergessliche Erlebnisse zu teilen. Die Vielfalt der Attraktionen, Shows und Veranstaltungen in Freizeitparks spricht ein breites Publikum jeden Alters und jeder Interessengruppe an und schafft damit einen Ort der gemeinsamen Freude und Begeisterung.

2. Soziale Treffpunkte und Familienaktivitäten:

Freizeitparks spielen eine wichtige Rolle als soziale Treffpunkte und Familienaktivitäten, die es Menschen ermöglichen, sich zu treffen, Spaß zu haben und Erinnerungen zu schaffen. Sie fördern das Gemeinschaftsgefühl und stärken die Bindungen zwischen Familienmitgliedern, Freunden und Nachbarn, indem sie gemeinsame Erlebnisse und Abenteuer teilen.

3. Wirtschaftliche Bedeutung:

Neben ihrem Unterhaltungswert tragen Freizeitparks auch erheblich zur lokalen und nationalen Wirtschaft bei, indem sie Arbeitsplätze schaffen, Tourismus fördern und Einnahmen für die umliegenden Gemeinden generieren. Sie unterstützen die Entwicklung von Dienstleistungen, Infrastruktur und Tourismusindustrie und tragen damit zur wirtschaftlichen Stabilität und Entwicklung bei.

4. Innovationszentren und Trendsetter:

Freizeitparks dienen oft als Innovationszentren und Trendsetter für die Unterhaltungsindustrie, indem sie neue Technologien, Attraktionen und Erlebnisse einführen. Sie treiben die Grenzen der Kreativität und Technologie voran und inspirieren andere Branchen, neue Wege der Interaktion und Unterhaltung zu erforschen.

5. Nachhaltigkeit und Umweltschutz:

Angesichts der zunehmenden Umweltprobleme und des Bewusstseins für Nachhaltigkeit werden Freizeitparks verstärkt bestrebt sein, umweltfreundliche Praktiken zu fördern und nachhaltige Betriebsmodelle zu entwickeln. Sie werden vermehrt auf erneuerbare Energien setzen, Abfall reduzieren und Umweltbildung fördern, um einen positiven Beitrag zum Umweltschutz zu leisten.

6. Zukunftsausblick:

Die Zukunft von Freizeitparks sieht vielversprechend aus, da sie weiterhin eine wichtige Rolle als Quelle der Unterhaltung, sozialen Treffpunkt und wirtschaftlicher Motor spielen. Mit zunehmender Globalisierung, technologischen Fortschritten und sich verändernden Verbraucherbedürfnissen werden Freizeitparks weiterhin innovieren und sich anpassen, um ihre Relevanz und Attraktivität für zukünftige Generationen zu erhalten.

Insgesamt zeigen diese Schlussbetrachtungen, dass Freizeitparks im 21. Jahrhundert eine bedeutende und vielseitige Rolle in unserer Gesellschaft spielen und eine vielversprechende Zukunft haben, indem sie Menschen zusammenbringen, Wirtschaftswachstum fördern und Innovationen vorantreiben.

Über den Autor

Lutz Spilker wurde im Jahre 1955 in Duisburg geboren.

Bevor er zum Schreiben von Romanen und Dokumentationen fand, verließen bisher unzählige Kurzgeschichten, Kolumnen und Versdichtungen seine Feder.

In seinen Büchern befasst er sich vorrangig mit dem menschlichen Bewusstsein und der damit verbundenen Wahrnehmung. Seine Grenzen sind nicht die, welche mit der Endlichkeit des Denkens, des Handelns und des Lebens begrenzt werden, sondern jene, die der empirischen Denkform noch nicht unterliegen.

Es sind die Möglichkeiten des Machbaren, die Dinge, welche sich allein in der Vorstellung eines jeden Menschen darstellen und aufgrund der Flüchtigkeit des Geistes unbewiesen bleiben. Die Erkenntnis besitzt ihre Gültigkeit lediglich bis zur Erlangung einer neuen und die passiert zu jeder weiteren Sekunde.

Die Welt von Lutz Spilker beginnt dort, wo zu Beginn allen Seins nichts Fassbares war, als leerer Raum. Kein Vorne, kein Hinten, kein Oben und kein Unten. Kein Glaube, kein Wissen, keine Moral, keine Gesetze und keine Grenzen. Nichts.

In Lutz Spilkers Romanen passieren heimtückische Morde ebenso wie die Zauber eines Märchens. Seine Bücher sind oftmals Thriller, Krimi, Abenteuer, Science Fiction, Fantasy und selbst Love-Story in einem.

»Ich liebe die Sprache: Sie vermag zu streicheln, zu liebkosen und zu Tränen zu rühren. Doch sie kann ebenso stachelig sein, wie der Dorn einer Rose und mit nur einem Hieb zerschmettern.«

In dieser Reihe sind bisher erschienen

Die Erfindung der Langeweile
Die Erfindung des Menschen
Die Erfindung des Geldes
Die Erfindung des Teufels
Die Erfindung des Erfolgs
Die Erfindung der Sterblichkeit
Die Erfindung der Lüge
Die Erfindung der Freiheit
Die Erfindung des Todes
Die Erfindung der Welt
Die Erfindung des Inselmenschen
Die Erfindung der Zeit
Die Erfindung der Seele
Die Erfindung der Politik
Die Erfindung des Gewissens
Die Erfindung der Religion
Die Erfindung der Schuld
Die Erfindung der Gerechtigkeit
Die Erfindung des Friedens
Die Erfindung des Selbstgesprächs
Die Erfindung der Zukunft
Die Erfindung der Pornographie
Die Erfindung der Verschwendung
Die Erfindung des Erwachsenseins
Die Erfindung der Hölle
Die Erfindung der Überbevölkerung
Die Erfindung des Himmels
Die Erfindung der Monarchie
Die Erfindung der Unterhaltung
Die Erfindung der Sprache

Die Erfindung der Musik
Die Erfindung der Wiedergeburt
Die Erfindung des Zufalls
Die Erfindung der Namen
Die Erfindung des Bewusstseins
Die Erfindung des freien Willens
Die Erfindung des Wahrsagens
Die Erfindung der Körpersprache
Die Erfindung des Schlafs
Die Erfindung der Sklaverei
Die Erfindung der Angst
Die Erfindung der Vernunft
Die Erfindung des Vollmonds
Die Erfindung des Vitamin B
Die Erfindung des Make-Up
Die Erfindung des Weihnachtsfestes
Die Erfindung des Ku-Klux-Klan
Die Erfindung des Träumens
Die Erfindung der Flaschenpost
Die Erfindung der Mafia
Die Erfindung der Freimaurer
Die Erfindung der Freibeuter
Die Erfindung der Raumfahrt
Die Erfindung der Tempelritter
Die Erfindung des ADHS-Syndroms
Die Erfindung der Homöopathie
Die Erfindung der Freizeitparks